SHRUTI BAHARANI

Ouro nanoporoso como material de célula de combustível

SHRUTI BAHARANI

Ouro nanoporoso como material de célula de combustível

Análise estatística dos factores que afectam o ouro nanoporoso e a sua sensibilidade em comparação com o ouro a granel

ScienciaScripts

Imprint

Any brand names and product names mentioned in this book are subject to trademark, brand or patent protection and are trademarks or registered trademarks of their respective holders. The use of brand names, product names, common names, trade names, product descriptions etc. even without a particular marking in this work is in no way to be construed to mean that such names may be regarded as unrestricted in respect of trademark and brand protection legislation and could thus be used by anyone.

Cover image: www.ingimage.com

This book is a translation from the original published under ISBN 978-3-8443-1767-1.

Publisher:
Sciencia Scripts
is a trademark of
Dodo Books Indian Ocean Ltd. and OmniScriptum S.R.L publishing group

120 High Road, East Finchley, London, N2 9ED, United Kingdom
Str. Armeneasca 28/1, office 1, Chisinau MD-2012, Republic of Moldova, Europe
Printed at: see last page
ISBN: 978-620-2-93288-2

Um resumo de

Análise estatística dos factores que afectam o ouro nanoporoso e a sua sensibilidade em
comparação com o
ouro a granel

por

Shruti M. Baharani

Submetido à Faculdade de Pós-Graduação em cumprimento parcial dos requisitos para o
Mestrado
em Engenharia Mecânica

A Universidade de ToledoMay

2010

A ligação electroquímica provou ser uma forma eficiente de fabricar ouro nanoporoso, cuja morfologia pode ser adaptada através do controlo de factores como o tempo de gravura, temperatura do electrólito, composição da liga, pré e/ou pós tratamento térmico e tensão para se adequar a aplicações como os eléctrodos e sensores das células de combustível. Este trabalho visa estudar o efeito de factores tais como a concentração do electrólito sobre a morfologia do material emergente. Um modelo relativo aos parâmetros de processamento e tamanho dos poros é estabelecido por abordagens estatísticas utilizando o software Design Expert 7.1. É proposta uma equação que capta tanto os efeitos individuais como de interacção sobre o ouro nanoporoso. A validade da equação é verificada pelos resultados de investigação existentes. A simulação deste material sob carga externa aplicada foi feita para alcançar propriedades estáticas em comparação com o ouro a granel. As aplicações em que isto pode ser útil foram mencionadas.

"Pare de se preocupar com a concorrência, faça o que quiser pela <u>sua própria</u> excelência. Sê fiel a ti próprio e ficarás bem".

-Os meus pais

Para Motilal & Jyoti Baharani, meus Pais, que significam o mundo para mim.

Agradecimentos

Qualquer tarefa requer os esforços de um certo número de pessoas envolvidas e esta tarefa não é diferente. Em primeiro lugar, gostaria de expressar a minha gratidão ao Dr. Yong X. Gan que me orientou ao longo de todo o processo e que teve fé em mim durante os meus tempos difíceis. Estou-lhe muito grato pelo seu constante apoio e orientação.

Gostaria de agradecer aos membros da minha comissão, Dr. Lesley Berhan e Dr. Mohammad Elahinia, por terem tirado tempo das suas ocupadas agendas para a minha defesa e graduação. Estou grato ao Departamento de M.I.M.E. por me terem dado esta oportunidade de obter o grau de Mestre em Ciências. Os meus agradecimentos especiais ao Dr. Afjeh e ao Dr. Naganathan, juntamente com Debbra Kraftchick e Emily Lewandowki por toda a sua ajuda e apoio ao longo da minha investigação e tempo na Universidade de Toledo. Uma tonelada de agradecimentos é ao meu colega, o Sr. Surya Pothula, por todas as suas contribuições e aliança.

Os meus pais nunca tentaram limitar as minhas aspirações e sempre me encorajaram, e esse tem sido o meu maior factor impulsionador. Graças a eles, por estarem sempre presentes.

Gostaria de creditar o meu noivo, o Sr. Satish Bhandari, por me ter motivado.

Finalmente, gostaria de agradecer a Deus Todo-Poderoso por ter sido tão gentil comigo e por me ter dado esta abençoada oportunidade. Se inadvertidamente perdi algum nome, gostaria de pedir desculpa e sentir-me-ia honrado se os meus erros fossem apontados.

Conteúdos

C hétero 1

1.   Introdução

O método simples para fabricar ouro nanoporoso (NPG) é o dealloying, que envolve uma liga que pode ser selectivamente gravada ou corroída. A exigência é apenas que o elemento de liga com ouro seja mais activo quimicamente, de modo a ser facilmente removido quando colocado no electrólito. Este método tem sido na prática numa forma muito crua, mas tornou-se importante desde que o NPG tem sido instrumental em muitos usos[1,2]. As estruturas de desalinhamento têm sido mostradas na Figura 1.

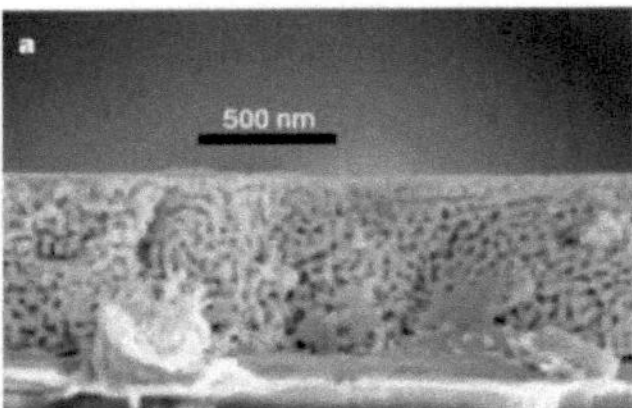

Figura 1. Filme típico do acordo [4]

Estudos anteriores assumiram que esta estrutura estava presente no interior do metal e era transmitida ao metal uma vez colocado num ambiente ácido[3] mas estudos microscópicos e difracção de apenas um único metal em fase sólida mostraram que tal coisa já não existia. Jonah Erlebacher[4] mostrou o mecanismo de negociação através de simulações na Figura 2.

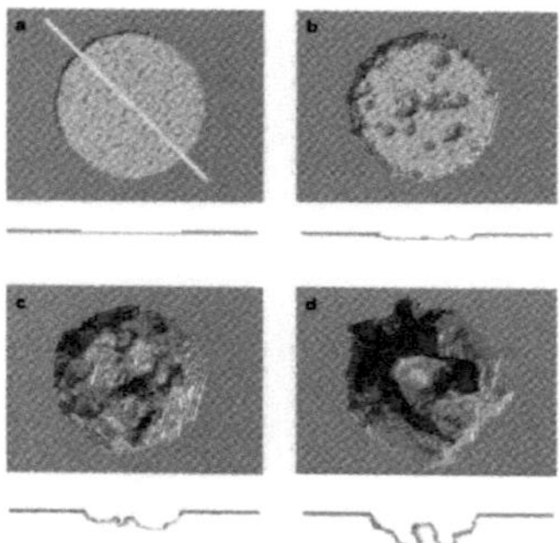

A figura 2. a,b,c,d mostra a formação do poço logo no início da negociação e isto resulta na formação de arestas vivas e estrutura cristalina no seu interior. [4]

De acordo com os seus estudos, o mecanismo começa com um átomo de Ag que se afasta da superfície. Isto deixa para trás uma vaga e isso perturba o equilíbrio químico. Os átomos de Ag adjacentes têm uma ligação mais baixa do que a liga original e isto leva a que o electrólito seja facilmente capaz de atacar a liga. Os átomos de Au permanecem para trás porque não são reactivos e começam a ligar-se em pequenos aglomerados sem qualquer coordenação, expondo as camadas inferiores. O processo prossegue até que as camadas máximas da liga tenham sido negociadas e o material restante não esteja activo.

São utilizadas várias concentrações de ácido nítrico na maioria dos casos, uma vez que a tensão pode ser fornecida ou controlada quando a liga é Au-Ag. Uma vez removido todo o Ag e o Au interligado, o material pode conduzir electricidade.

1.1   Materiais nanoporosos

Existe naturalmente uma variedade de materiais nanoporosos em matéria condensada onde os ligamentos formam aglomerados para atingir um estado de energia mínima e, portanto, de equilíbrio. O perfil típico para um desses materiais, isto é, ouro nanoporoso, é mostrado na Figura 3.

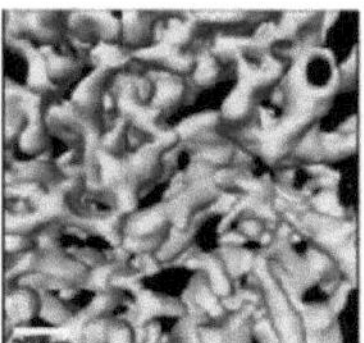

Figura 3: NPG usando Microscopia Electrónica de Transmissão[5].

Nestes materiais, coexistem duas fases materiais - sólidas sob a forma de ligamentos e gasosas como poros. Os poros são capazes de demonstrar melhores propriedades de transporte do que o material a granel para muitas aplicações. Propriedades mecânicas tais como resistência, durabilidade, deformação e mais alterações para estes materiais do que aquelas de que são tratados. Discutiremos brevemente o tamanho do grão e os defeitos.

Tamanho do grão'- Este é semelhante ao material de base utilizado e geralmente maior do que o tamanho dos poros e ligamentos. Isto significa que a microestrutura é maioritariamente retida mesmo após tratamento químico, o que significa que a resistência do material será comparável à do material utilizado [5].

Defeitos: Isto depende realmente do tipo de liga utilizada. Se fosse uma película fina, cuja espessura é de alguns nanómetros, então toda a película é comercializada em toda a espessura e as fendas podem ser visivelmente baixas[5]. Se for mais espessa do que alguns centímetros, pode haver mais fissuras devido ao facto de a superfície ficar desalinhada e o núcleo não. Parida et al. [6] descobriram que isto ocorre devido à retracção durante a dissolução, mas isto acontece quando falamos de alta concentração de electrólitos, que é a principal causa da separação. Se a ligação é forçada onde a tensão, temperatura e outros factores foram alterados em relação ao ambiente, então valores elevados destes levarão obviamente a uma superfície com mais fissuras devido ao ataque. A resistência do material depende da superfície, uma vez que as fendas e entalhes actuam como áreas de concentração de tensão, pelo que, quanto menores forem as fendas, mais forte será o material[7].

Muito trabalho foi feito [8,9,10,11] sobre isto, mas há necessidade de identificar o efeito exacto no tamanho dos poros e nas propriedades mecânicas devido a estes factores.

1.2   Ouro Nanoporoso

O ouro é um dos metais mais adequados a várias aplicações devido à sua natureza nobre ser menos volátil, menos dispendioso do que a platina actualmente utilizada. Embora o níquel também tenha sido uma escolha muito tentadora, o Ni é mais anódico e pode dissolver-se na solução. É também mais adequado para células combustíveis de alta temperatura do que para as que funcionam à temperatura ambiente.

O ouro a granel tem uma pequena desvantagem de não ter provado ser um catalisador muito bom em comparação com os metais em uso do grupo dos elementos de transição da tabela periódica. Isto deve-se ao facto de o ouro ser demasiado inerte. Mas o NPG descobriu ter estas propriedades [12]melhores do que o ouro a granel. Iremos descrever o comportamento do NPG em ambientes de monóxido de carbono e de peróxido de hidrogénio.

Oxidação de CO [16]:. A liga Prata-Ouro tem sido preferida para utilização em relações comerciais devido à estrutura e parâmetros de malha semelhantes de ambos os elementos. Vê-se que sem qualquer suporte externo como silício ou carbono ou qualquer outro revestimento metálico, o próprio NPG actua como catalisador e converte o CO em CO2 mesmo para tempos de reacção mais longos, como se vê na Figura 4:

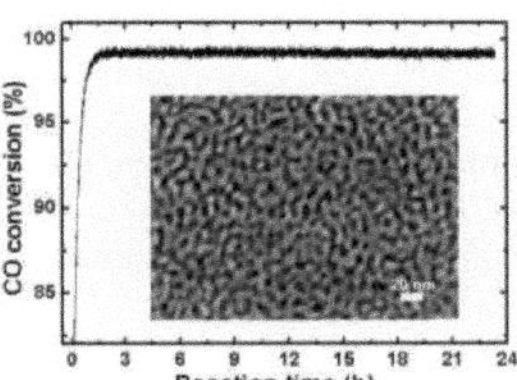

Figura 4: 98% de conversão de CO em dióxido de carbono. [16]

O processo de desalloying é uma competição entre a taxa a que Ag se dissolve na solução e a taxa a que Au se difunde com a sua própria espécie para dar origem a uma estrutura cristalina, na presença de HNO3 Uma vez que algum oxigénio está presente no ambiente, há probabilidades da superfície se oxidar a algumas partículas de óxido de ouro. O efeito da variação da temperatura sobre a actividade foi também medido[16] e constatou-se que o NPG ainda estava activo, como na figura 5.

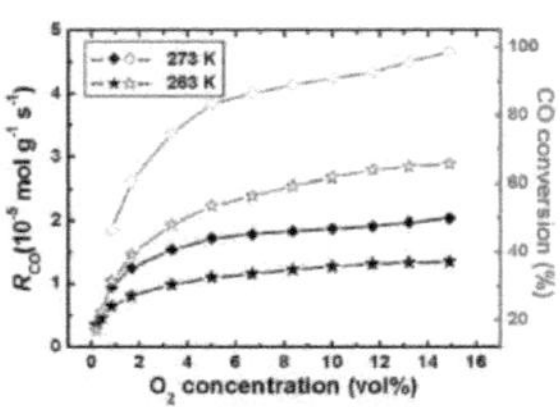

Figura 5: Actividade a duas temperaturas diferentes. [16]

Haruta et al. [17] também provaram que este material não só é activo a temperaturas absolutas mas também abaixo de 0 graus C.

Redução de H2O2 [18] A diferença de actividade catalítica no NPG em comparação com o material de base existe devido à falta de locais de reacção na superfície da liga, juntamente com a forte ligação química que não permite a adsorção. A existência de arestas rugosas tem atraído os investigadores para o ímpeto químico. Os picos de oxidação e redução diminuíram à medida que o tamanho dos poros aumentava, indicando claramente a diferença em ambos os materiais. A redução do peróxido de hidrogénio foi medida directamente como um factor corrente[18], que é o resultado de uma experiência com discos de anel rotativo, como mostra a Figura 6.

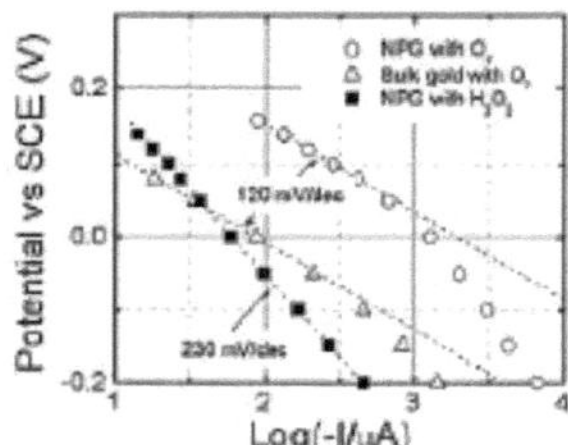

Figura 6. A parcela mostra a conversão de peróxido de hidrogénio e oxigénio e a diferença entre o ouro a granel e o NPG. [18]

As propriedades que contribuem para tal desempenho são os ligamentos curvos sobre a morfologia e a estrutura cristalina, mas isto só desempenha o seu papel quando há óxido na superfície. As tensões superficiais que levam à compressão são importantes para ligamentos realmente pequenos, mas o factor que deu estes resultados aqui[18] é a ligação entre os átomos de ouro que é baixa, permitindo que os elementos sejam adsorvidos.

1.3   Técnicas de Fabrico

As técnicas existentes de fornecimento de tensão, maior tempo de gravura, concentração variável, redução da temperatura e pré e pós-cozimento são descritas para compreensão.

Fornecimento de Tensão Externa :

A pesquisa conduzida por Senior e Newman [20], demonstra a síntese do NPG através do controlo externo da tensão e também do controlo do conteúdo de Au na liga. O efeito desta tensão sobre o material é evidente na liga de Au como na Figura 7.

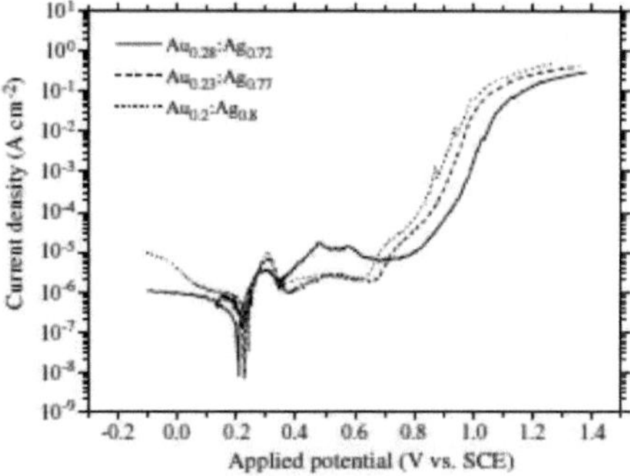

Figura 7. Efeito da aplicação potencial externa [20].

A formação de óxido pode não afectar tanto a catálise, mas afecta a capacidade das camadas inferiores de se desprenderem e aliviarem as tensões superficiais. Isto acontece da seguinte forma o ouro na superfície combina com oxigénio e não é capaz de gelificar com os outros átomos de ouro para formar uma camada condutora. A orientação das partículas da superfície não se encontra no estado de energia mínima e, por conseguinte, a superfície fica estressada, embora. As extremidades do material são capazes de formar aglomerados. O potencial aplicado tem assim de estar acima do potencial a que o óxido de ouro se dissolve para deixar de volta átomos de ouro puro. A figura 7 também explica isto em diferentes concentrações de Au na liga. Quanto maior for o teor de ouro, o potencial aplicado tem de ser maior para se obter a mesma densidade de corrente. Observa-se mais valor de corrente à medida que o material começa a reunir-se em grupos, formando assim um circuito contínuo.

O valor do potencial inicial, para além do qual o óxido começa a dissolver-se, não foi encontrado para ser exacto, mas uma gama de valores foi encontrada devido à formação de diferentes estruturas tipo fossa [4].

Tempo de Gravação mais longo:
A figura 8 mostra o efeito da tensão externa juntamente com o tempo. As fissuras parecem ter sido reduzidas devido a
ao potencial aplicado durante mais tempo.

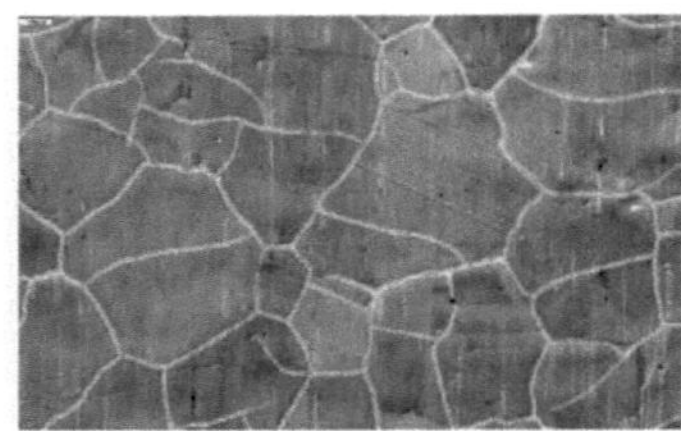

Figura 8. O efeito de 1,1V aplicado durante 30 segundos sobre o material utilizado. [20]

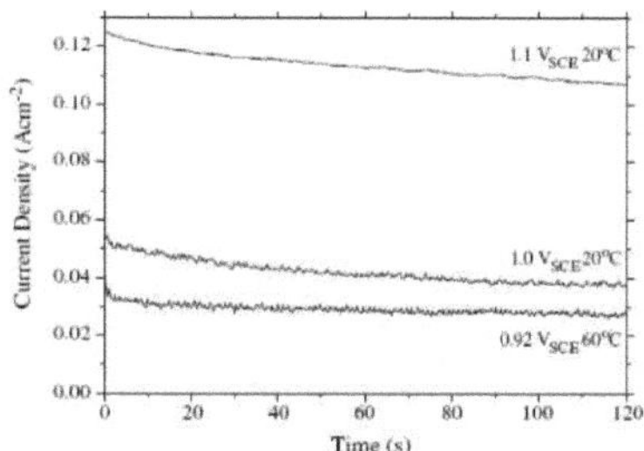

Figura 9. Densidade da Corrente versus tempo de Etching, a densidade da corrente diminui asmais a
Ag é dissolvida na solução. [20]

É importante que a voltagem seja apenas em torno do potencial específico em que o óxido é removido. Também a temperatura tem de ser mais elevada, de modo a aliviar as tensões térmicas. O conteúdo de liga de Au e Ag também desempenha um papel importante. Os efeitos do tratamento térmico são discutidos no Pré e Pós-recozimento.

Concentração variável:

A temperatura do electrólito é ambiente [21]. Também é mencionado que não há muita mudança de volume [22], o que significa que os átomos de Au não se moveram quando se uniram e formaram uma estrutura bicontínua. Assim, houve um mínimo de fissuras observadas na morfologia de 14nm pelos investigadores[22]. A amostra de 30%Au foi tratada primeiro com calor para aliviar as tensões internas. Foi aplicado um potencial para o material mais espesso. O tratamento foi efectuado a uma corrente constante e não a uma tensão constante. As duas etapas envolveram a alteração da concentração de ácido nítrico e não tiveram alteração de volume mostrada na Figura 10 e fissuras mínimas na Figura 11.

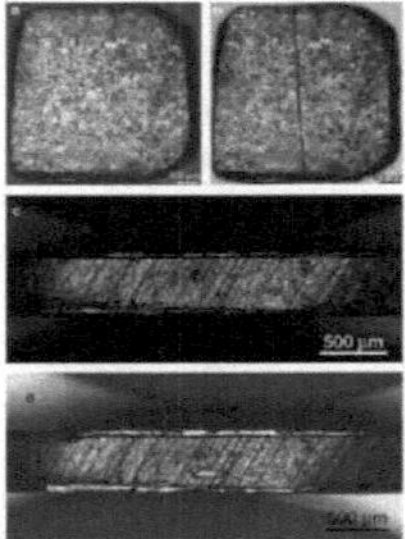

Figura 10. Isto não mostra nenhuma alteração no volume do material quando é negociado em
dois passos. a e c são antes de negociar e b e d são depois [21].

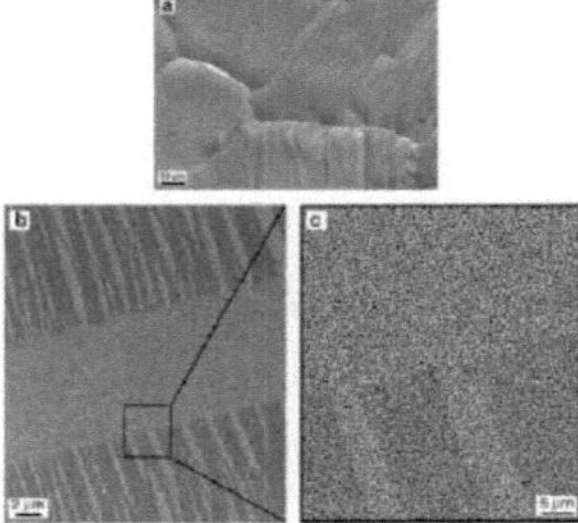

Figura 11. Observaram-se fissuras mínimas [21] Isto ajudou a confirmar que a
mudança de volume era controlável [22].

O passo mais importante aqui foi a selecção das concentrações para as duas etapas juntamente com o tempo de gravura. Este material pode ser grosseiramente tratado por tratamento térmico após a decapagem e, portanto, adaptado à utilidade.

Redução da temperatura:

Quando o negócio é realizado a uma temperatura ambiente, o tamanho do poro obtido será menor do que o obtido com o aquecimento à alta temperatura. Este método irá lidar com poros verdadeiramente pequenos [7, 12], e fazer isto a baixas temperaturas não é realmente fácil uma vez que o Ag

a difusão tem de ser controlada. Com o aumento do tempo em que o material é mantido na solução, o tamanho dos poros também aumenta. [23] A estrutura obtida em todas as condições é ainda uma camada dupla contínua com alteração no tamanho dos poros. O tamanho do nanoporo segue a seguinte relação [24] : n ln [d(t)] = ln [K *t* Ds]

Onde difusividade $Ds=D0$ exp (-E/RT) e $d(t)$é o tamanho dos poros no tempo de gravura t; $k0$, K, e $D0$ são constantes e $k0=KD0$; n é o expoente de grosseamento; R é a constante de gás; T é a temperatura de gravura; e E é a energia de activação para a formação de nanoporos e o grosseamento.

O expoente grosseiro n é obtido a partir da conspiração do ln $(d(t))$ vs ln t mostrado na Figura 12.

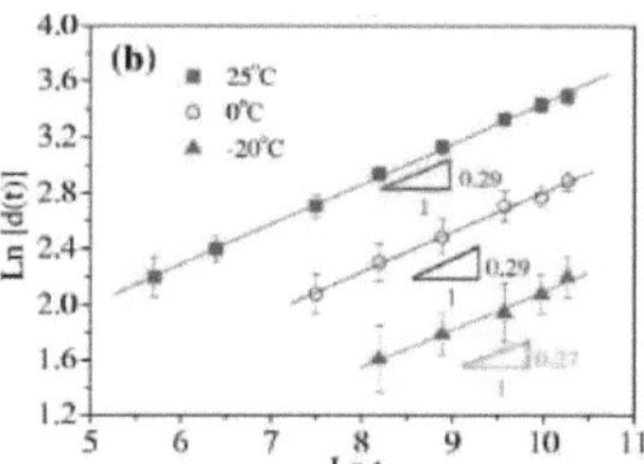

Figura 12. Este gráfico verifica que, com o aumento da temperatura, o tamanho dos nanoporos aumenta. O processo de embrutecimento é o mesmo a todas as temperaturas. [24]

Calculando n, o valor sai por volta de 3,5, isto mostra que a superfície atingiu a sua energia mínima como o parâmetro cinético para isso é cerca de 4.

Ln $(d(t)^n / t)$ e $(RT)^{-1}$ implica que a energia de activação para a negociação e o embrutecimento é de 63,4 kJ/mol. Isto indica que a difusão controla tanto o dealloying como o coarsening como no ácido nítrico, a difusão ocorreria a cerca de 55kJ/mol [24].

Pré- recozimento [25]:

Faz com que a plasticidade aumente devido ao aumento consistente do desvio dos planos em relação às suas posições originais a temperaturas superiores a cerca de 200 graus centígrados. O recozimento prévio não afecta realmente o tamanho do poro obtido após o dealloying, pelo que alivia as tensões anteriores, mas nenhuma propriedade mecânica após o dealloying é afectada. A deformação plástica obtida nos aviões ainda permanece inexplicada e inexplicada. A base para alterações no volume, espessura ou alteração em qualquer plano pode ser apenas devido ao preenchimento de alguns vazios criados durante o fabrico do material. Assim, o material é termicamente estável depois de ter sido recozido, o negócio, portanto, é mais homogéneo e terá menos defeitos.

Pós-recozimento [26]:

Tal como já foi discutido, isto irá ajudar a coarctar os nanoporos. Mas este efeito é normalmente limitado a filmes finos ou amostras com menos espessura. Para materiais mais espessos, pode levar a falhas ligamentares, pois existe uma distância considerável entre as camadas superior e inferior para manter a estrutura contínua a altas temperaturas. Se esta temperatura estiver para além do ponto de fusão do ouro a essa temperatura, então a falha está destinada a ocorrer. Isto pode ser encontrado pelo modelo de fusão Lindeman [42], que relacionará o tamanho do poro com a temperatura à pressão desejada. Mas em ambos os casos, quer seja uma película fina ou uma amostra mais grossa, as tensões térmicas aumentaram e estas podem afectar significativamente as propriedades do actuador, pelo que é melhor fazer um pré-recozimento em vez de um pós- recozimento, excepto quando o tamanho do poro precisa de ser aumentado para a aplicação.

C hapter 2

2. Visão geral

2.1 Descrição do problema

O NPG tem sido estudado extensivamente no passado recente. Cada estudo foi realizado em torno de um parâmetro específico. Verificou-se que o tamanho do poro neste material pode ser cuidadosamente adaptado, orientando os critérios de formação em conformidade. É necessário um modelo completo que inclua todos os parâmetros. Como cada um afecta o outro e se existe interacção entre eles e como tudo isto aconteceu são tópicos interessantes. A compreensão destas questões ajudará na concepção do material de acordo com as aplicações. O objectivo é contribuir para os estudos existentes, um modelo que dará a dimensão dos poros quando as variáveis dos factores que afectam a morfologia forem alteradas. Isto será verificado pelos dados existentes.

2.2 Abordagem

A abordagem do diagrama de Ishikawa foi utilizada para descobrir que existem principalmente oito factores dos quais o tamanho dos poros depende, como se vê na Figura 13.

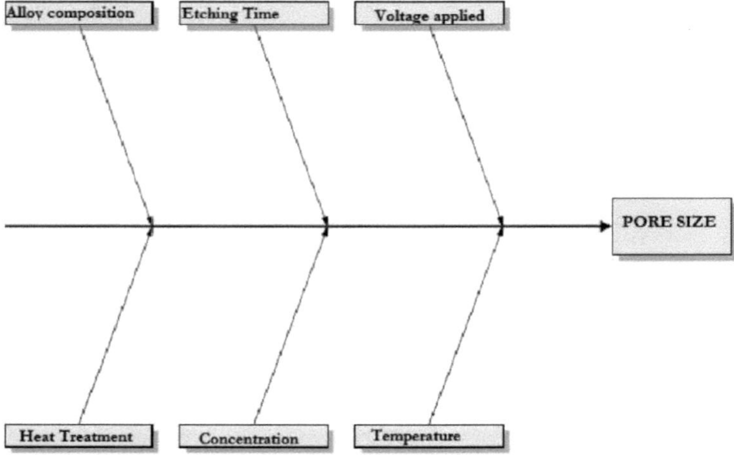

Figura 13: Diagrama de ossos de peixe demonstrando os factores de efeito sobre o tamanho dos poros [39].

Destes, vamos analisar a composição da liga, o tempo de gravação, a tensão fornecida e o tratamento térmico dos estudos anteriores por grupos de investigação e tentar encontrar uma correlação entre eles. Tentamos também colocar o efeito da temperatura e concentração no âmbito desta tese. Mais trabalho está a ser feito no laboratório de Nanotecnologia da Universidade de Toledo, Ohio. A ferramenta de concepção de experiências foi discutida a seguir.

2.3 Análise de Variância (ANOVA)

O Design of Experiment (DOE) é conhecido como um método estruturado e organizado para determinar a relação entre os factores que afectam um processo e o resultado desse processo. Neste método, é estabelecida uma estratégia onde variáveis controláveis são alteradas para obter a correlação entre e o efeito de factores individuais de forma sistemática. Para conseguir o mesmo, empregamos a ferramenta estatística de Análise de Variância ou ANOVA [14].

ANOVA é uma ferramenta estatística que avalia a variância das experiências e dá um modelo que melhor se adapta aos resultados para que o comportamento possa ser generalizado.

Serão revistos os factores que contribuem significativamente para a mudança morfológica e, em última análise, encontrar um modelo adequado para melhor prever a concepção óptima para efeitos de várias aplicações.

Utilização deANOVA [29]:

Ferramentas simples em testes comparativos de modelos como testes de hipóteses, testes t, comparações emparelhadas, etc. podem sempre ser utilizadas para testar as condições de concepção de uma experiência, mas quando estamos a tentar lidar com uma série de factores , onde a sua interacção também pode ser importante ; o significado de uma ferramenta de concepção que possa lidar com todos estes factores torna-se necessário . A Análise de Variância é aqui apresentada.

Um desenho que tem k factores, cada um com 2 níveis é representado como um desenho de 2k. Assim, assumimos aqui que estes 2 níveis são os máximos e mínimos dos factores e a relação entre a variação do factor e o resultado é linear. Isto é assim porque esta é a primeira análise do seu tipo e estamos a tentar estabelecer uma relação baseada em parâmetros de fabrico variáveis em vez de cinética de reacção e aquecimento. Se soubéssemos que existia proporcionalidade, então poderíamos ter utilizado cada factor com 3 níveis ou mais. Os factores k podem ser qualitativos, como altos ou baixos; ou quantitativos, ou seja, com valores numéricos. Estes são chamados desenhos factoriais e baseiam-se em 3 pressupostos:

1.
   Todos os factores são fixos; isto foi concluído pelo facto de todos os documentos sobre o fabrico do NPG falarem sobre estes factores como as condições. Embora o valor tenha mudado para estes, os factores em todos os papéis continuam a ser os mesmos.

2. Os desenhos são completamente aleatórios; assegurámos isto através de leituras de diferentes fontes de investigação.

3. Os pressupostos habituais de normalidade são satisfeitos, o que significa que a distribuição de resíduos é normal.

Normalmente, as leituras obtidas são replicadas para confirmar todos os valores mas, para os nossos propósitos, teremos uma única réplica da experiência.

O número de execuções / observações das experiências aumenta em conformidade para 2*2*2*...k vezes. Para um número muito grande de k, o número de execuções necessárias para um desenho de réplicas completas ultrapassa rapidamente a maioria dos recursos disponíveis. Se formos capazes de assumir razoavelmente que alguns dos factores e as suas interacções são insignificantes, então torna-se fácil obter a informação sobre os efeitos principais, executando apenas uma fracção da experiência completa... A concepção bem sucedida de uma experiência factorial fraccionada baseia-se em três ideias-chave [14]:

1.   *O princípio da Sparsity of Effects* - Quando existem vários factores responsáveis, então a experiência é principalmente motivada por alguns efeitos principais e interacções de baixa ordem.

2.   *A Projecção Piopeidade* - Os desenhos factoriais fraccionários podem ser projectados em desenhos maiores e mais fortes no subconjunto de factores significativos.

3.   *Experimentação Sequencial* - É possível combinar séries de 2 fracções experiências factoriais para obter uma grande concepção de todos os efeitos e interacções.

Neste trabalho, utilizaremos todas as técnicas de análise mencionadas acima na ANOVA para obter o resultado optimizado.

Em primeiro lugar, será desenvolvido um desenho fracionário com efeitos principais e um gerador, de modo a que apenas uma parte da experiência precise de ser conduzida para obter resultados razoáveis. Esta será a experiência de rastreio. Finalmente, os gráficos dão-nos a percepção necessária da experiência devido às superfícies de resposta e ao modelo de regressão. Para encontrar a direcção de uma potencial melhoria, utilizaremos o Método da Ascensão Mais Elevada.

C hapter 3

3. Resultados

3.1 Desenho de Resultados de Experiências

Considerámos que a composição da liga, o tempo de gravura, a tensão e o tratamento térmico são os principais factores que regem o tamanho dos poros. É possível que os factores considerados tenham pouco efeito sobre o tamanho dos poros ou sobre a resposta. O tamanho dos poros é aqui análogo ao tamanho dos ligamentos, uma vez que se assume que são os mesmos por simplicidade. O nosso interesse é a área de superfície e a vacância devido à concentração sobre aplicações particulares. Podemos escolher utilizar o ligamento em alguns locais e aplicar o mesmo modelo, sendo a única resposta o tamanho do ligamento e não o tamanho do poro.

É preferível utilizar um modelo de desenho de maior resolução para uma melhor precisão do que o número total de factores. Assim, atribuiremos a resolução R = 5, uma vez que R-1 são os significativos.

O desenho é um factorial fraccionário e não um factorial completo, de modo a reduzir o número de tiragens. Nesses casos, para compensar o efeito de um factorial completo, nós também denominamos os efeitos do factor. Além disso, haverá um factor que terá em conta todos os factores em conjunto, chamado gerador. O gerador para a parte factorial fraccional pode ser tomado como ABCDE e a relação definidora como I = ABCDE(alto nível). O factorial alternativo é I = - ABCDE(baixo nível). Utilizando a relação, notamos que cada factor principal é aliado a uma interacção de quatro factores: A = BCDE ; B = ACDE ; C = ABDE ; D = ABCD .

Assim,   lA = **A+BCDE** ;

lB = **B+ACDE** ;

lC = **C+ABDE** ;

lD = **D+ABCD**.

Além disso, cada interacção de 2 factores é aliada a uma interacção de 3 factores como lAB = AB + CDE.

Assim, o desenho é a resolução V. Isto deverá proporcionar uma excelente visão dos efeitos e interacções. Os vários factores e os seus respectivos níveis foram mostrados abaixo no Quadro 1 :

Quadro 1: FACTORES E NÍVEIS .

FACTORES	Nome do factor	Nível -1(BAIXO)	Nível 1(ELEVADO)
Percentagem de idade em liga	A	30%	40%
Tempo de Gravação	B	5 h	100 h
Voltagem	C	0 mV	600 mV
Tratamento térmico	D	298 F	873 F
Total	4 FACTORES	2 NÍVEIS CADA	

A selecção dos factores foi obtida a partir de documentos de referência. Os valores para estes pontos de dados são também provenientes dos mesmos documentos.

As relações foram na sua maioria consideradas lineares, excepto se duas leituras forem feitas na mesma experiência, como num método de condicionamento em várias etapas ou no caso de gravura explicada da seguinte forma: o caso de leituras de tempo de gravura para uma experiência às 5 horas e 100 horas; que foi realizada no total durante 120 horas; não se seguirá provavelmente não será linear.

Com base neste desenho factorial fracionário, superfície de resposta e modelo de regressão serão desenvolvidos juntamente com trabalho futuro, o que também nos ajudará a concluir se as relações são realmente lineares e se os pressupostos estão correctos.

Os dados introduzidos no Perito em Design 7.1 e 8 são os seguintes e foram referidos de [23 a 50] e são apresentados no Quadro 2.

26

Quadro 2: Dados em Design Expert:

						TREATMENT	PORE
1	-	-	-	-	+	E	50
2	+	-	-	-	-	A	46
3	-	+	-	-	-	B	900
4	+	+	-	-	+	Abe	410
5	-	-	+	-	-	C	5
6	+	-	+	-	+	Ás	32.9
7	-	+	+	-	+	Bce	385
8	+	+	+	-	-	Abc	310
9	-	-	-	+	-	D	800
10	+	-	-	+	+	Ade	57
11	-	+	-	+	+	Bde	690
12	+	+	-	+	-	Abd	600
13	-	-	+	+	+	Cde	320
14	+	-	+	+	-	Acd	270
15	-	+	+	+	-	Bcd	500
16	+	+	+	+	+	Abcde	440

Especialista em Design 7.1 Resultados :

Pseudónimos:

Termo pseudónimos

Intercepção necessária

Modelo A-A

Modelo B-B

Modelo C-C

Modelo D-D

Modelo E-E

Erro AB CDE

Modelo AC BDE

Erro	AD	BCE
Erro	AE	BCD
Erro	BC	ADE
Modelo	BD	ACE
Erro	BE	ACD
Erro	CD	ABE
Modelo	CE	ABD
Erro	DE	ABC

Efeitos:

Term		Soma de Efeito	Sqr	% Contribtn
Exigir		Intercepção		
Modelo	A-A	-185.513	137660	11.3547
Modelo	B-B	331.762	440265	36.3149
Modelo	C-C	-161.262	104022	8.5802
Modelo	D-D	192.263	147859	12.1961
Modelo	E-E	-130.762	68395.	35.64153
Erro	AB	6.7625	182.9260	.0150885
Modelo	AC	146.238	85541.	67.05583
Erro	AD	-50.2375	10095.	20.83269
Erro	AE	59.2375	14036.	31.15777
Erro	BC	-79.9875	25592	2.11093
Modelo	BD	-136.013	73997.	66.10363
Erro	BE	34.5125	4764.	450.3929
Erro	CD	7.0125	196.7010	.0162247
Modelo	CE	153.987	94848.	67.82351
Erro	DE	-34.9875	4896.5	0.403884
Aliado	ABC	Aliado		
Aliado	ABD	Aliado		
Aliado	ABE	Aliado		
Aliado	ACD	Aliado		
Aliado	ACE	Aliado		

Aliado ADE Aliado

Aliased BCD Aliased

Aliado BCE Aliado

Aliado BDE Aliado

CDE Aliado CDE Aliado

Aliased ABCD Aliased

Aliased ABCE Aliased

Aliased ABDE Aliased

Aligeirado ACDE Aliasing

Aligeirado BCDE Aliasing

Aliado ABCDE Aliado

Lenth's ME 504.204

Lenth's SME 1023,61

Resposta 1 PARÂMETRO DE TAMANHO PORE

ANOVA para um modelo factorial seleccionado

Análise de tabela de variância [Soma parcial dos quadrados - Tipo III]

Fonte	Soma de Praças	df	Média Praça	F Valor	p-valor Prob > F
Modelo	1.153E+006	8	1.441E+005	16.87	0,0006 significativo
A-A	1.377E+005	1	1.377E+005	16.12	0.0051
B-B	4.403E+005	1	4.403E+005	51.57	0.0002
C-C	1.040E+005	1	1.040E+005	12.18	0.0101
D-D	1.479E+005	1	1.479E+005	17.32	0.0042
E-E	68395.33	1	68395.33	8.01	0.0254
AC	85541.63	1	85541.63	10.02	0.0158
BD	73997.60	1	73997.60	8.67	0.0216
CE	94848.60	1	94848.60	11.11	0.0125
Residual	59764.13	7	8537.73		
Cor Total	1.212E+006	15			

O valor F do Modelo de 16,87 implica que o modelo é significativo. Há apenas uma probabilidade de 0,06% de que um "Modelo F-valor" deste tamanho possa ocorrer devido ao ruído. Valores de "Prob > F" inferiores a 0,0500 indicam que os termos do modelo são significativos.

Neste caso, A, B, C, D, E, AC, BD, CE são termos modelo significativos.

Valores superiores a 0,1000 indicam que os termos do modelo não são significativos.

Se houver muitos termos de modelo insignificantes (sem contar com os necessários para

apoiar a hierarquia), a redução do modelo pode melhorar o modelo.

R-QUADRADO, DESVIO PADRÃO

Std. Dev. 92.40   R-Squared 0,9507

Média 363,49   Adj R-Squared0   ,8944

    C.V. % 25,42   Pred R-Squared0   ,7425

IMPRENSA 3.122E+005   Adeq Precisão 13.641

O "Pred R-Squared" de 0,7425 está em razoável acordo com o "Adj R- Squared" de 0,8944.

A "Adeq Precision" mede a relação sinal/ruído. Uma relação superior a 4 é desejável. A sua relação de 13,641 indica um sinal adequado. Este modelo pode ser utilizado para navegar no espaço de desenho.

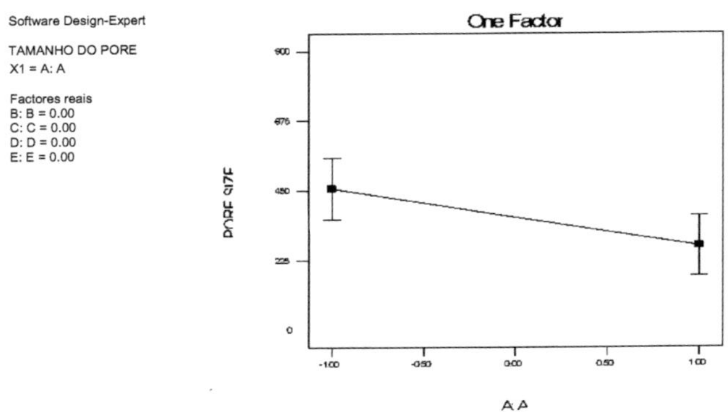

Figura 14. Este gráfico mostra o efeito de % de Ag na liga no tamanho do poro. A maior concentração de Ag
mostra um maior tamanho dos poros.

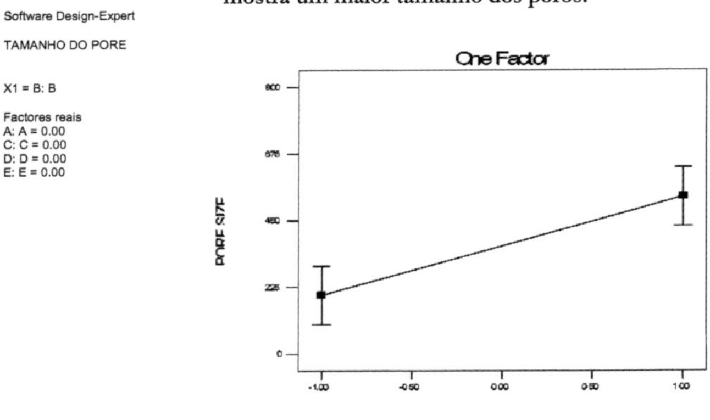

Figura 15. O efeito do
tratamento térmico sobre o tamanho dos poros é mostrado. Como tem sido demonstrado em resultados experimentais, os tamanhos dos ligamentos aumentam com o recozimento e conduzem a um recozimento dos grãos. Este gráfico mostra que sem tratamento térmico, isto é, ao nível -1, os grãos
são mais finos; enquanto que o tamanho aumenta com o recozimento durante 2 horas a 873K.

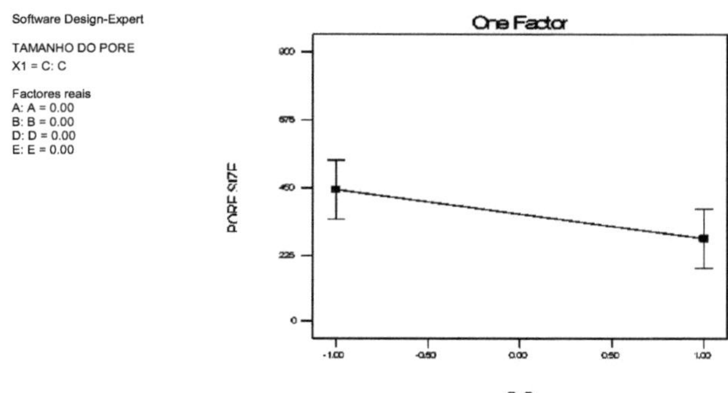

Figura 16.O gráfico mostra a diferença entre a corrosão livre e a potenciostática de negociação. Quando não há tensão fornecida, os ligamentos são grosseiros durante o mesmo período de
tempo na solução, enquanto que ao fornecer uma alta tensão para este sistema de 600mV, os ligamentos são mais finos.

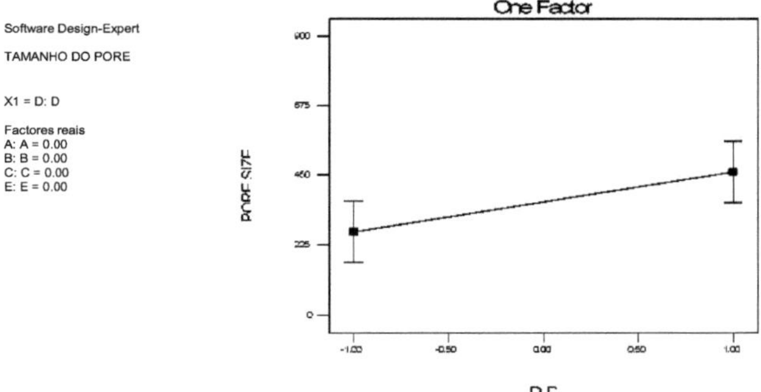

Figura 17.O efeito do tempo de gravura ou o período de tempo durante o qual a folha está em solução
, quer seja corrosão livre ou potenciostática; afecta o tamanho do grão como se mostra. Quanto maior for o tempo de gravura, mais grosseiro é o grão.

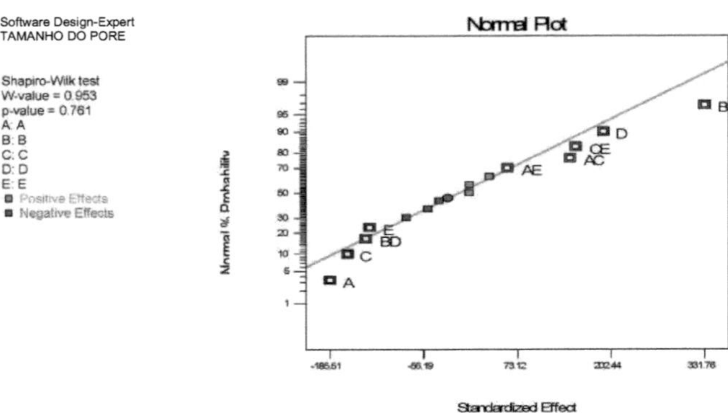

**Figura 18. Gráfico de
probabilidade normal**

Como a Figura 18 explica, a maior parte dos dados está em linha; mas há alguns outliers.

Estes são A, B, C, D, E, AC, CE. A presença destes pode afectar grandemente o modelo.

Uma vez que já estamos a fazer uma investigação cuidadosa, traçando um efeito

padronizado, é evidente que estes outliers não serão descartados, uma vez que podem vir a

revelar-se desejáveis.

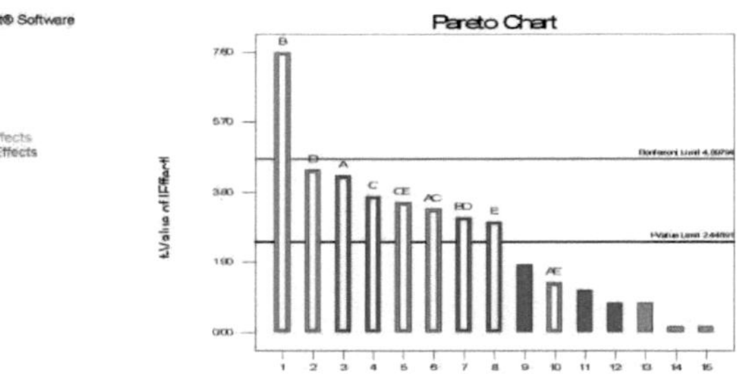

**Figura 19. Gráfico de
Pareto**

A figura 19 elogia o gráfico de probabilidade normal.

Como previsto na tabela ANOVA, os factores acima mencionados são significativos e afectam grandemente a resposta. Destes, vimos os efeitos de factores únicos para A, B, C, D, e E.

Analisaremos agora os gráficos de interacção para AC, CE. Também, uma vez que a tabela ANOVA e o gráfico acima mencionam que BD é significativo, analisaremos isso também.

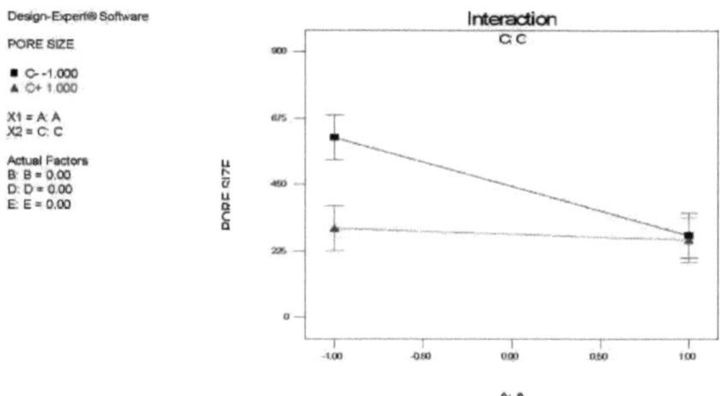

Figura 20. Gráfico de Interacção para Ag% em liga e Tensão aplicada. Os poros mais pequenos são obtidos aumentando o Ag na liga com diminuição da tensão

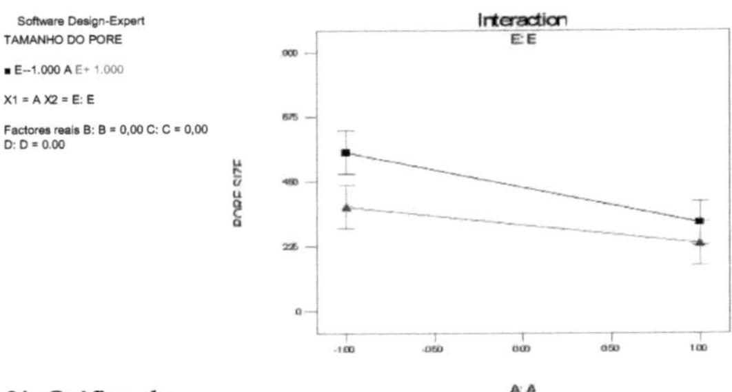

Figura 21 .Gráfico de interacção para **Ag%** em liga e todos os outros factores. **Os poros mais pequenos são obtidos através do aumento do Ag na liga, juntamente com a diminuição de todos os outros factores**

.

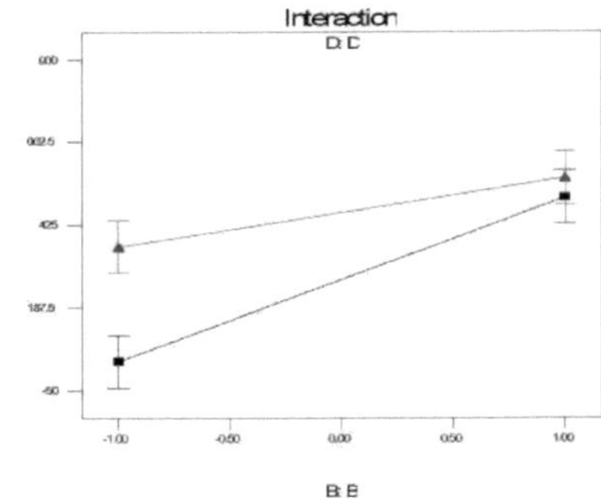

Figura 22. Gráfico de interacção do tempo de gravura e tratamento térmico. O tamanho dos poros aumenta com o aumento do tempo de gravura com o processo de tratamento térmico.

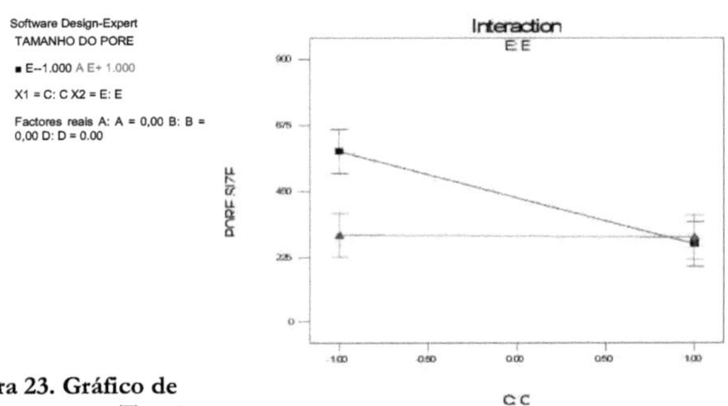

Figura 23. Gráfico de Interacção para a Tensão aplicada. E todos os outros factores são tomados em conjunto . O tamanho dos poros diminui com o aumento da tensão com um aumento simultâneo em todos os outros factores.

A diferença nas inclinações das parcelas de interacção mostra uma interacção definitiva que existe entre os factores. Além disso, dos outros gráficos de interacção (não mostrados aqui), AB, AD, BE, CD são paralelos e BC, DE não são significativos. Outra conclusão importante é o facto de o tratamento térmico ser realmente uma escolha depois de o negócio ter sido feito. Isto foi provado pela Figura 22.

Modelo, adequação : Normalidade, Independência e variância não constante

1) Assunção de normalidade : Como a maioria dos pontos se encontra na linha da Figura 24, a assunção de normalidade foi verificada.

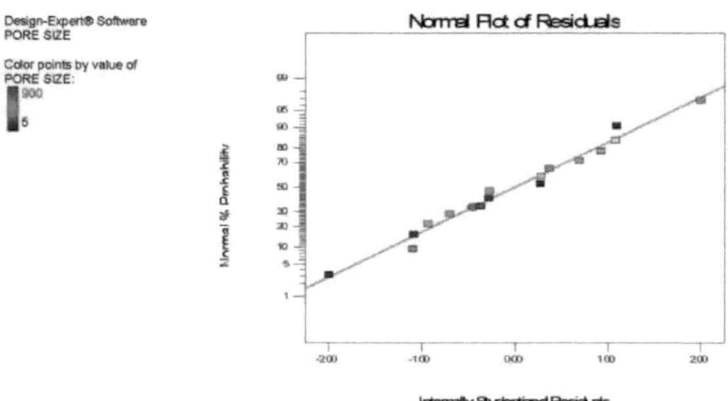

Figura 24 - Assunção da

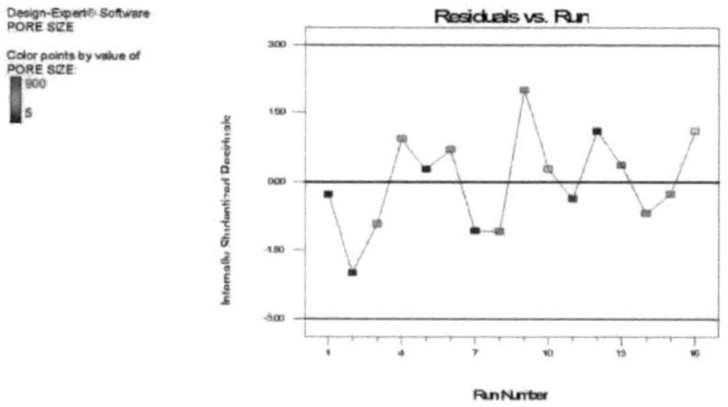

2) Assunção de Independência: Como o gráfico da Figura 25 não tem um padrão, significa
que os pontos de dados são independentes do tempo. Aqui o número de execução
representa o tempo.

Figura 25 .Assunção de Independência

3) Variação Não Constante : Uma vez que o gráfico de variação não constante aqui na Figura

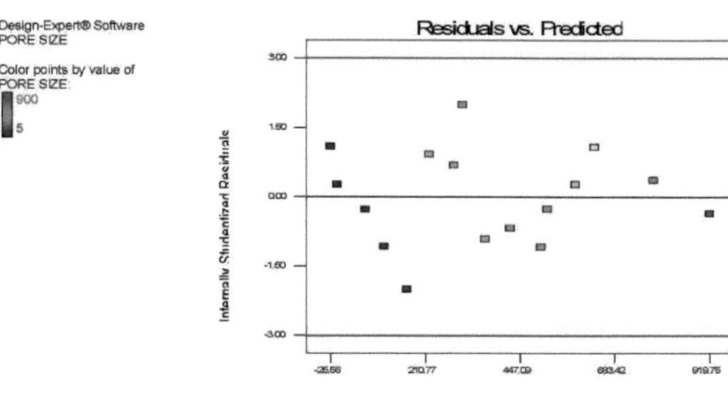

Figura 26.Variação Não Constante

Como todos os pressupostos foram verificados, o modelo é adequado.

Equação do modelo de regressão:

O modelo de regressão conduz à equação:

Y(parâmetro de tamanho dos poros) = $\beta_0+\beta_1 x_1+\beta_2 x_2+\beta_3 x_3+\beta_4 x_4+\beta_5 x_5+\beta_6 x_1 x_3+\beta_7 x_2 x_4+\beta_8 x_3 x_5$

Estes coeficientes são calculados a partir das estimativas do efeito e os valores são apresentados no Quadro 3.

Coeficientes:

CoefficientStandard   95% CI95% CI

Factor	Estimativa	df	Erro	Baixo	Alto	VIF
Intercepção	363.49	1	23.10	308.87	418.12	
A-A	-92.76	1	23.10	-147.38	-38.13	1.00
B-B	165.88	1	23.10	111.26	220.50	1.00
C-C	-80.63	1	23.10	-135.25	-26.01	1.00
D-D	96.13	1	23.10	41.51	150.75	1.00
E-E	-65.38	1	23.10	-120.00	-10.76	1.00
AC	73.12	1	23.10	18.50	127.74	1.00
BD	-68.01	1	23.10	-122.63	-13.38	1.00
CE	76.99	1	23.10	22.37	131.62	1.00

Quadro 3 . Coeficientes do Modelo de Regressão.

Equação Final em Termos de Factores Codificados:

$$(\text{TAMANHO PORE}) =$$
$$+363.49$$
$$-92.76 * A$$
$$+165.8 * B$$
$$-80.63 * C$$
$$+96.13 * D$$
$$-65.38 * E$$
$$+73,12 * A * C$$
$$-68.01 * B * D$$
$$+76,99 * C * E$$

1.2   Verificação do modelo : Cálculos de amostra

Utilizando a investigação de grupos que tenham publicado dados, verificaremos a exactidão do modelo.

Hakamada et al[28,50] utilizaram 70% Ag na liga que é o factor A, sem potenciostático o que significa que C será 0mV, 42 horas de tempo de gravura que é igual a B e o recozimento posterior foi feito a 200 graus C ou 473 K. E tenderá a 0 devido a B ser 0.O tamanho do poro que obtiveram foi de aproximadamente 5 nm.

L.H.S. da equação - Tamanho dos poros - 5 nm

R.H.S. da equação -

+363.49

-92.76* 70

+ 165.8 * (42*60*60)

+96,13 * 473(isto está em K)

-68.01* (42*60*60) * 473

- 4.86nm

Percentagem de erro - 28%

Hodge et al[8]utilizaram 75% Ag na liga que é o factor A, o potenciostático que significa C será 6mV, 72 horas de tempo de gravura que é igual a B e o recozimento posterior foi feito a 473K.O tamanho dos poros obtidos foi de aproximadamente 940 nm.

L.H.S. da equação - Tamanho dos poros - 940 nm

R.H.S. da equação -

+363.49

-92.76* 75

+ 165.8 * (72*60*60)

-80.63* 0.6

+96,13 * 473(isto está em K)

-65.   38* (75*[72*60*60]*0.6*473)

+73.12 * 75 * 0.6

-68.01* (72*60*60) * 473

+76.99 * 0.6 * (75*[72*60*60]*0.6*473)

$= 1005{,}8$ nm

Percentagem de erro $= 7\%$

D.Lee et al[54] utilizaram 62,6% Ag na liga que é o factor A, sem potenciostático, o que significa que C será 0mV, 45 min de tempo de gravura que é igual a B e o recozimento posterior foi feito à temperatura ambiente. O tamanho dos poros obtidos foi de aproximadamente 20 nm.

L.H.S da equação $= 20$ nm

R.H.S da equação $=$

    $+363.49$

    $-92.76 * 62.6$

    $+ 165.8 * (45*60)$

    $+96{,}13 * 298$(isto está em K)

    $+73.12 * 40 * 0.6$

    $-68.01 * (45*60) * 298$

    $= 12.1$nm

Percentagem de erro - 39,5%

Dentro dos limites do erro experimental, os valores estão próximos dos resultados esperados. Por conseguinte, o modelo é verificado.

Escolher aleatoriamente a última corrida da Tabela 2 para verificar novamente o modelo[49] :

L.H.S da equação - 440 nm

R.H.S. da equação -

+363.49

-92.76* 40 + 165.8 * (100*60*60)

-80.63* 0.6

+96,13 * 741(isto está em K)

-65.   38* (40*[100*60*60]*0.6*741)

+73.12 * 40 * 0.6

-68.01* (100*60*60) * 741 +76.99 * 0.6 * (40*[100*60*60]*0.6*741)

- 409,9nm

Percentagem de erro - 6,8% O modelo foi verificado para execuções na tabela ANOVA. Se observarmos de perto o erro percentual, este é menor quando o tamanho do poro era alto e maior quando o tamanho do poro era menor.

C hapter 4

4. Simulação

4.1 Resultados da Simulação

Com as propriedades do ouro disponíveis nos trabalhos de investigação, decidimos simular os resultados a partir do software disponível.

O trabalho aqui proposto propõe que possa haver diferenças nas sensibilidades do NPG e do ouro a granel. Gostaríamos de estudar a diferença com a ajuda de dois softwares: ADAMS e Solid Works.A melhor forma de testar a sensibilidade é modelar o material como uma viga cantilever; a avaliação da sensibilidade seria feita por deflexão obtida a partir da Teoria dos Feixes Elásticos:

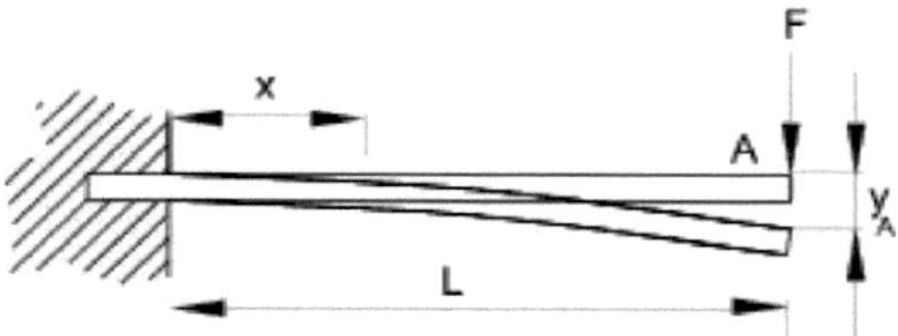

Figura 27 . Uma viga cantiléver sujeita a uma força pontual na extremidade

A partir da condição de equilíbrio, sabemos que no suporte haverá uma força de resistência -FL e uma força vertical ascendente F.

Em qualquer ponto x, o momento é:

$$F(x - L) = Mx = EI \, d^{2y}/dx^2$$

A diferença nas propriedades necessárias para o software foi demonstrada. Obras Sólidas utiliza Ouro da sua biblioteca e NPG deve ser adicionado à biblioteca como material personalizado antes de utilizar Simulation Xpress.

PROPRIEDADE	NPG	OURO
Módulo "Jovem	11GPa	78GPa
Relação "Poisson	0.2	0.44
Densidade	6,9kg/mm'3	19,6kg/mm'3
Módulo de cisalhamento	2.6e'10 N/mm"3	2.6e'10 N/mm'3
Resistência à tracção	78000000 N/m'2	103000000 N/m'2
Força de Rendimento	111MPa	112MPa
Condutibilidade térmica	323 W/(m-K)	300 W/(m-K)

Quadro 3. Propriedades do NPG e do Ouro

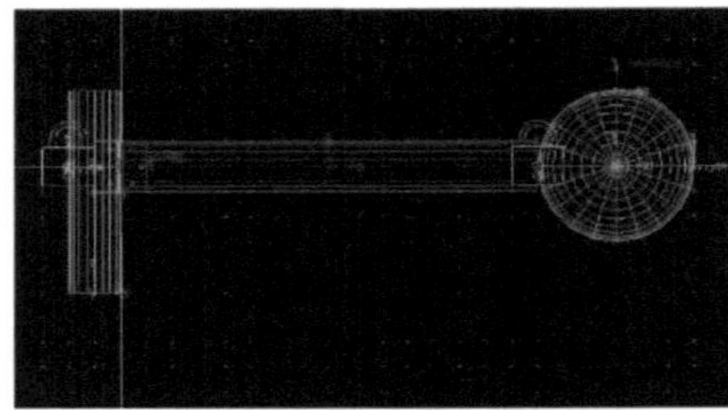

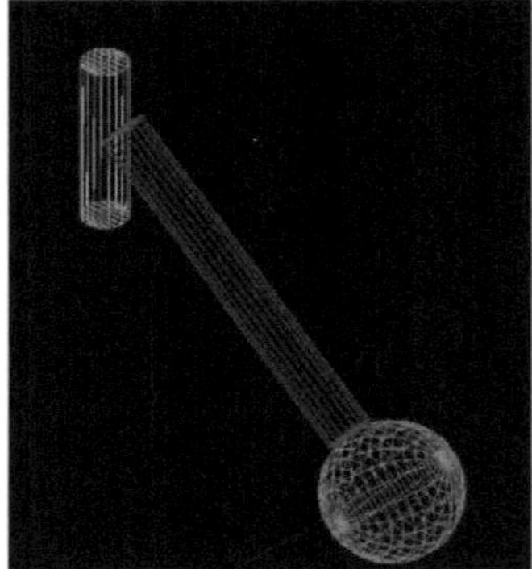

Figura 28 . A viga cantilever modelada em ADAMS e Solid Works. As propriedades do material foram seleccionadas como Ouro e NPG. A primeira vista é a vista frontal e a segunda é a vista isométrica deflectida.

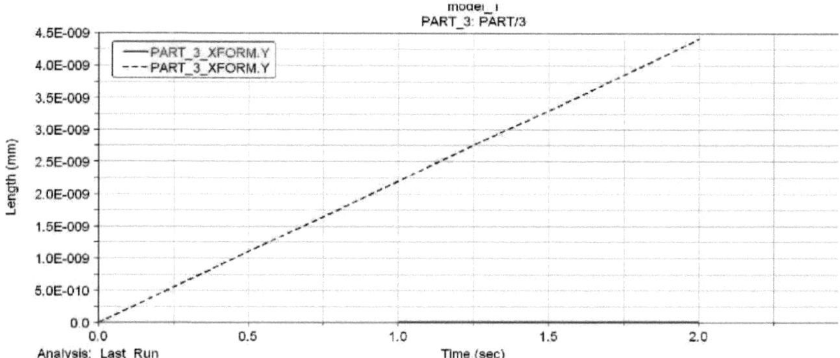

a.

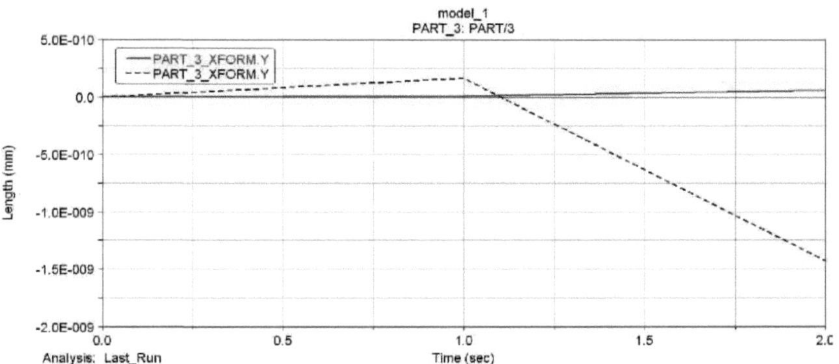

b.

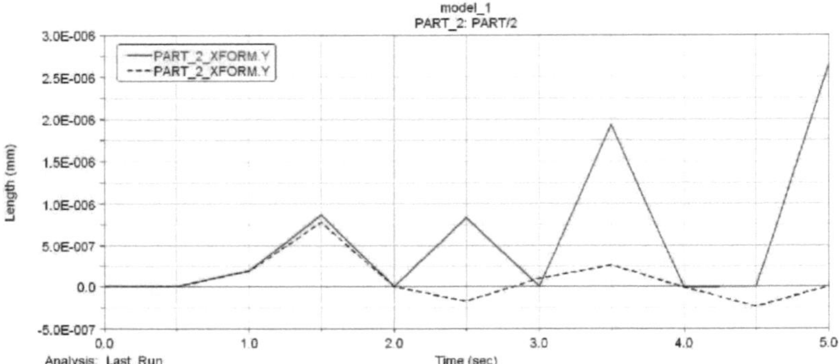

c.

Figura 29 . Linha Azul : NPG

Linha Vermelha : Ouro a granel

A viga cantilever no ADAMS foi submetida a condições de carga externa sob10N . a) num único passo, b) em 2 passos, c) em multistep. Estes gráficos demonstram claramente que o NPG é mais sensível do que o Ouro a Granel.

Devido ao facto de a rotação do feixe ser em 2 graus em vez de um necessário para o feixe de cantilever, a relação de deflexão não pôde ser confiada no ADAMS. A razão para isto é que a junta disponível para modelar o cantilever no ADAMS é uma junta revoluta e isto foi o mais próximo possível do comportamento real. A outra possibilidade era utilizar uma junta universal que desse uma DOF, mas sem dobra. Devido a deficiências do ADAMS, tentaremos fazer a mesma coisa em trabalhos sólidos.

Análise utilizando trabalhos
sólidos:

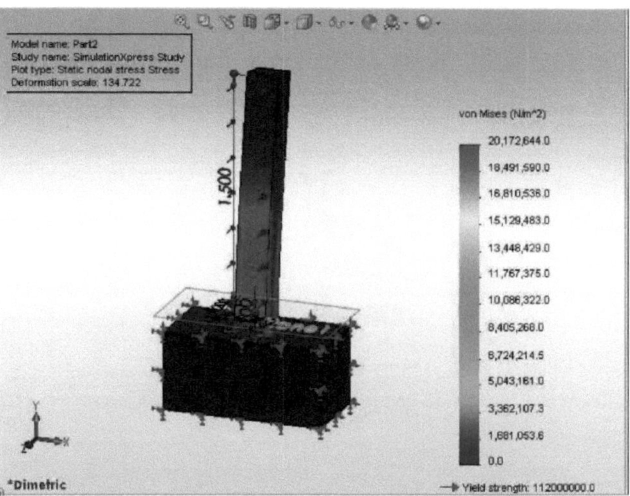

Figura 30. Von Mises critérios de rendimento mostrando o máximo de pontos de tensão. Os pontos de tensão eram os mesmos para NPG e Bilk gold devido à geometria da viga.

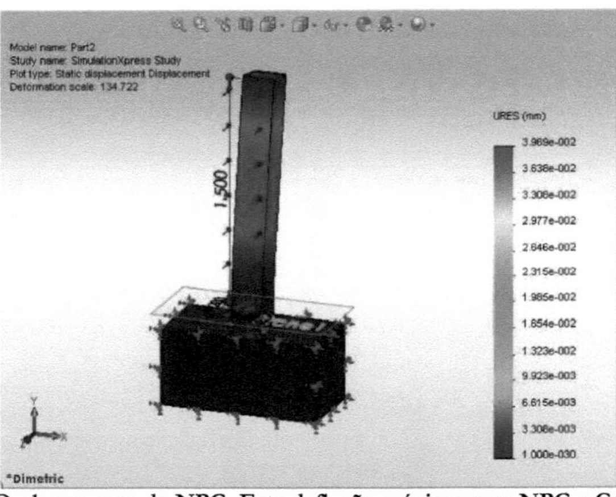

Figura 31. Deslocamento do NPG. Esta deflexão máxima para NPG e Granel variou consideravelmente.

O desvio máximo revelou-se 45799 vezes mais elevado para o NPG do que para o ouro a granel. Fizemos uma aplicação analítica da teoria do feixe e a relação foi de 20,15. Esta variação mostrou que o feixe seguia a teoria do feixe não-linear.

Solid Works SimulationXpress os resultados da análise da concepção são baseados na análise estática linear e o material é assumido isotrópico. A análise estática linear pressupõe isso: 1) o comportamento do material é linear cumprindo a lei de Hooke, 2) os deslocamentos induzidos são suficientemente pequenos para ignorar as mudanças de rigidez devidas à carga, e 3) as cargas são aplicadas lentamente a fim de ignorar os efeitos dinâmicos.

4.2   Propriedades mecânicas

Os ligamentos mais pequenos demonstram maior força. Isto foi obtido a partir de testes de nano indentação[44]. A razão para isto é que ligamentos maiores permitem uma maior profundidade de contacto, mais ainda se o NPG tiver sido negociado [46]. Acredita-se que o NPG forma uma única estrutura cristalina em comparação com a estrutura policristalina a granel e, por conseguinte, a resistência de cedência dos ligamentos é maior do que as partículas de ouro a granel. Já vimos na secção de fabrico.

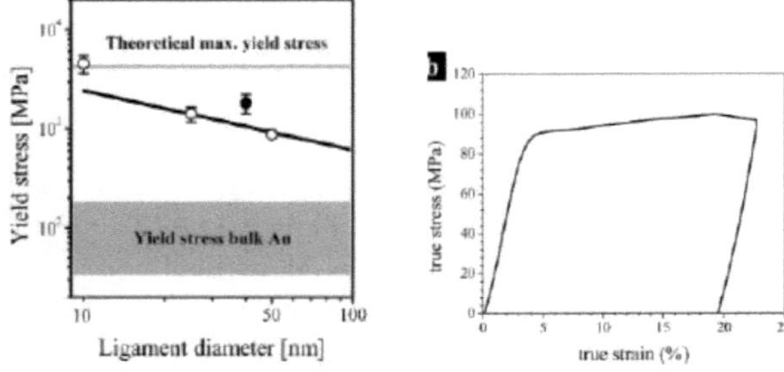

Figura 32: a) mostra que o stress de produção diminui com o aumento do diâmetro e b) mostra que o **NPG** é também muito forte apesar da diferença de estrutura[61].

Para avaliar o módulo dos Jovens,[50] os investigadores empregaram diferentes teorias. Uma delas é o conceito de encurvadura de filmes finos. Postula-se que se este filme NPG for apoiado por um substrato, então a carga necessária para causar deflexão aqui seria uma diferença entre a força para dobrar o filme e a de deflectir o substrato. A fivela no filme é considerada sinusoidal e isto pode então ser relacionado numa equação com a O módulo "jovem" e o rácio de Poisson e a espessura para derivar o valor do módulo. Embora isto seja válido para certas situações, tais como baixa tensão, espessura da película e módulo menor do que o substrato, etc., ainda se verificou ser muito preciso nessa gama.

A figura 41 mostra um gráfico que descreve o aumento do tamanho dos ligamentos, fazendo com que o módulo "Young" diminua.

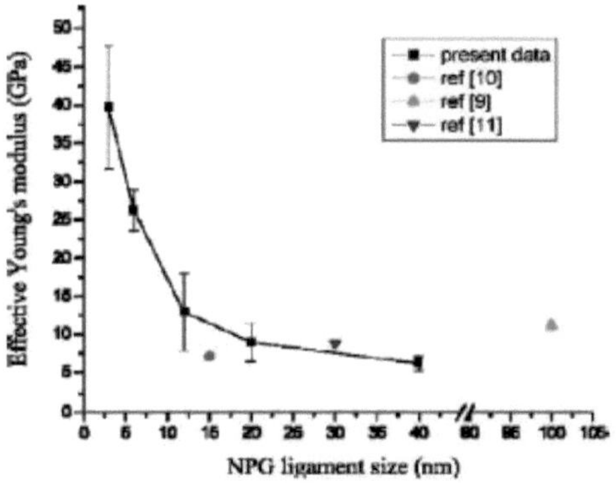

Figura 33: Lote mostrando o tamanho do ligamento afecta o módulo elástico[50].

O módulo pode ser relacionado com quadrados de função de densidade que podem diminuir devido à alteração do volume do material. Isto levaria a uma redução significativa do módulo, uma vez que

é directamente proporcional ao quadrado da densidade. Assim, foram concebidos métodos, tais como o dealloying em várias etapas, de modo a limitar a mudança de volume.

O NPG fino é considerado rígido, uma vez que é composto por ligamentos mais pequenos e mais grossos que actuam como vigas e, portanto, dão mais resistência à flexão[50].

A ciclagem térmica do NPG revelou que, ao contrário da película de liga original onde a tensão muda com alterações na geometria, como a espessura, aqui a tensão dependia do tamanho do ligamento. [53] Foi demonstrado que os tamanhos mais pequenos dos ligamentos influenciam mais a força, uma vez que tem mais nucleação e uma ligação mais forte.

C hapter 5

5.   Conclusão

5.1   Trabalho Futuro

O NPG foi considerado muito útil e a análise estatística da dependência de vários factores antes da realização da experiência deu-nos as condições exactas de que precisávamos para realizar a experiência, que será feita sob a orientação do Dr.Gan na Universidade de Toledo, Ohio. Também tentámos alcançar o efeito de concentração e temperatura do electrólito, mas isso não foi possível devido ao facto de o material não ter sido tratado na montagem experimental e, por conseguinte, não foi aqui demonstrado. Recomenda-se a utilização de um suporte como um chip de silício para montar a folha de liga de ouro, de modo a que a encurvadura não ocorra assim que a folha é exposta ao ambiente. Além disso, evita que o problema do suporte se derreta em soluções fortes. A experiência e o modelo podem ser verificados através da realização de mais experiências que estavam para além do âmbito deste trabalho.

Um modelo de Design Expert pode ser criado incluindo a concentração e temperatura do electrólito como mais 2 factores e este modelo será assim capaz de nos dar a todos efeitos importantes para a estrutura do NPG. No entanto, isto ainda assumirá a relação entre os pontos de dados a serem lineares até que os grupos realizem experiências para verificar o mesmo.

Como se vê nos gráficos de simulação, o ADAMS foi benéfico uma vez que facilitou a comparação de dois materiais e os resultados puderam ser obtidos para várias alterações no input. Foram então utilizados trabalhos sólidos para testar o mesmo, o NPG foi definitivamente mais sensível por um factor de 4,7. Isto pode ser empregado para ver se a rigidez do NPG varia com o tamanho do ligamento.

As propriedades mecânicas que concluímos a partir da simulação corresponderam aos exames da maioria dos trabalhos, mas pode ser feito mais trabalho para quantificar a diferença e estabelecer relações, com um factor que inclui o cálculo teórico com a resposta de carga real.

5.2   Aplicações Potenciais

As células de combustível têm atraído atenções há mais de um século devido ao facto de empregarem o processo de converter eficientemente a energia de reacções químicas em energia eléctrica utilizável. Tipicamente, uma célula de combustível compreende um ânodo, um cátodo e uma membrana para permitir a troca de prótons e electrões. O oxigénio passa sobre um eléctrodo para oxidar o combustível enquanto gera corrente numa direcção oposta à do fluxo de electrões.

Reacção do ânodo: $2H_2 \Rightarrow 4H^+ + 4e^-$

Reacção catódica: $O_2 + 4H^+ + 4e^- \Rightarrow 2H_2O$

Reacção em todas as

células: $2H_2 + O_2 \Rightarrow 2H_2O$

A membrana entre ânodo e cátodo tem a função de fornecer uma série de locais onde podem ocorrer reacções químicas, actuando como um catalisador onde as temperaturas de reacção química são baixas e assim fornecem um caminho de menor resistência para a energia de activação, são bons condutores de electricidade como metais com propriedades de menor desgaste com alta estabilidade térmica e não sendo voláteis e, por último, fornecem uma separação entre as fases líquida e gasosa no interior da célula. As pilhas de pilhas de combustível são combinadas em série ou em paralelo, de modo a dar ou alta tensão de saída ou grande corrente.

Até hoje, existem alguns problemas que impedem as aplicações em grande escala. Estes são:

1.   Escolha efectiva de todos os materiais FC (Fuel Cell).

2.   Soluções de Hidrogénio: Escolha certa de tecnologia reformadora.

A produção de electricidade a partir de uma célula de combustível envolve as seguintes etapas principais:

a.   Reforma do combustível: envolve um combustível facilmente disponível como o etanol, metanol ou gás natural e cuja conversão para hidrogénio ocorre. O método menos dispendioso é a reforma do metano a vapor (SMR), em que a reacção endotérmica ocorre na gama de temperaturas de 750-800 graus.

$$CH_4 + 2\,H_2O \Rightarrow CO_2 + 4\,H_2$$

Precisamos de empregar uma mudança para converter o CO produzido devido à combustão parcial de uma determinada parte dos HC, para ser reduzido a um nível muito baixo de ppm, de modo a não envenenar a célula de combustível. Isto pode ser conseguido utilizando um catalisador NP ou uma membrana NP.

A Célula de Combustível de Troca de Polímeros funciona à temperatura mais baixa, que é o factor distintivo, uma vez que a entrada para a pilha FC não necessita de ser aquecida, o que também assegura uma maior eficiência térmica devido a menos perdas. O esquema do princípio de funcionamento da PEMFC é mostrado:

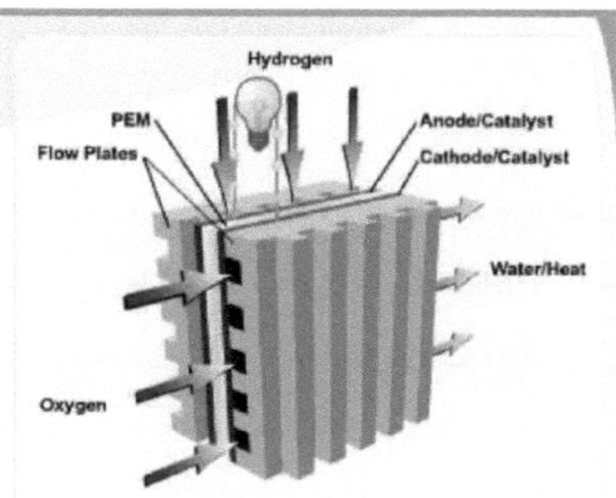

Figura 34. Princípio de funcionamento de um PEMFC. O hidrogénio entra no ânodo, é oxidado e os electrões viajam através da lâmpada até ao cátodo onde o ar entra com o oxigénio e é reduzido. A água e o calor são subprodutos da reacção [37].

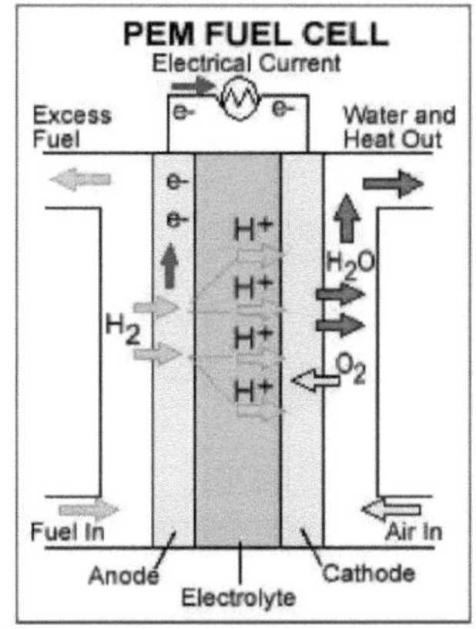

Figura 35. O fluxo de electrões e prótons e a geração de corrente. [37]

O SMR (Steam Methane Reforming) é utilizado com este tipo de célula de combustível e, por conseguinte, leva-nos ao passo seguinte.

b.   O Hidrogénio gerado no primeiro passo tem com ele CO que é veneno para a célula de combustível. É por isso que a mistura gasosa de H2 e CO tem de ser purificada por alguns meios, geralmente passando por um catalisador que tem uma elevada área superficial para aumentar os locais de reacção e é resistente à corrosão conseguida pelo revestimento Pt. Isto ocorre numa Reacção de Turno num permutador de modo a que a temperatura de saída do gás de síntese diminua.

$$CO + H2O \rightarrow CO2 + {}_{H2}$$

c.   Vai então para um recipiente que oxida electivamente o CO numa reacção de adsorção.

d. O H2 da segunda etapa precisa de ser cerca de 99,99% puro ou até mais para ser introduzido na célula de combustível que envolve um cátodo e um ânodo e passagem de electrões para geração de energia eléctrica. Isto acontece com maior eficiência se os eléctrodos forem porosos e não reagirem, pelo que o uso de Pt (Platina) está novamente, de facto, em vigor.

Estas etapas foram colocadas num fluxo de processo como se segue:

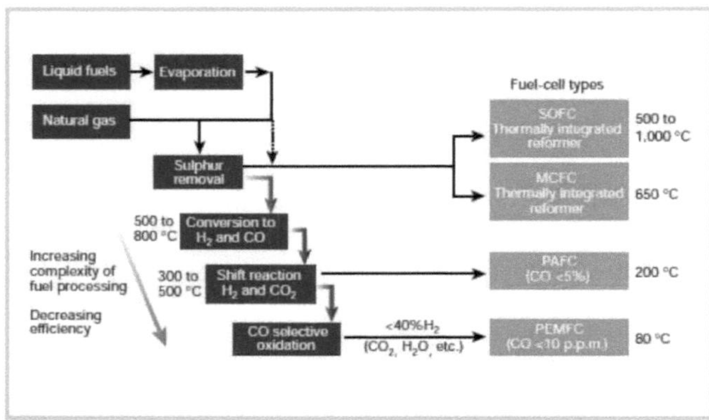

Figura 36: Passos em Solução de Hidrogénio: Reforma com diferentes células de combustível[13].

As pilhas FC têm de ser concebidas de acordo com a entrada de combustível hidrocarboneto. De acordo com investigações anteriores, verificou-se que as preocupações com os componentes da CF têm sido os eléctrodos e as suas propriedades de transporte, que por sua vez dependem da área sujeita ao electrólito, portanto disponível para a transferência de electrões. Isto é possível com materiais que têm baixa resistência ao fluxo de corrente, maior resistência à corrosão e menos material termicamente afectado.

Para os PEMFCs, os maiores desafios residem na escolha apropriada:

i.   Catalisador electroquímico.

ii.   Eléctrodos ou placas bipolares com revestimento metálico em vez de apenas elementos de carbono, uma vez que têm menos condutância e têm sido utilizados até hoje.

Os catalisadores e revestimentos Pt puros utilizados inicialmente apresentavam certas deficiências como a incapacidade de sustentar uma grande percentagem de CO, reduzindo assim a eficiência global. Os catalisadores foram então modificados por ligas Pt com outros metais [26], mas estes também tinham problemas de estabilidade durante os ensaios com H2 e O2 durante mais tempo, pelo que o NPG foi explorado.

Adsorventes\H]: Elevada área de superfície, capacidade de discernimento e adsorção de elementos à superfície, cinética de reacção para a frente juntamente com boas propriedades mecânicas e elevada resistência à fadiga tornam os materiais NP uma escolha adequada para o efeito. Estes são geralmente utilizados para emissões de indústrias e automóveis para remoção de gases tóxicos.

Sensores [11]: A resposta ao estímulo é elevada devido à elevada relação superfície/volume. O estímulo pode detectar alterações nas condições atmosféricas como vapor, gases nocivos, fotões, etc. Estes podem ser utilizados em biosensores [24] para testar ou detectar DNAs e proteínas, etc. Estes materiais podem detectar alterações na química, tais como um ambiente ácido e reconhecer isso como um sinal eléctrico.

Referências

1. **Michael L. George, David Rowlands,** Mark Price, John Maxey, " The Lean Six Sigma Pocket ,60 Tool book," 2005, Capítulo 8.

2. **Pishbin, Mohammadi, Nasri,** "Optimization of Manufacturing Parameters for Ni-Ag Fuel Cell Electrode," Fuel Cells 07, 2007, No.4, 291-297.

3. **Sun, Shan, Minor , Balk,**" The Mechanical Behavior of NPG films," JOM, Small Scale Mechanical Behavior , Setembro de 2007.

4. **Jonah Erlebacher, Michael J. Aziz, Alain Karma, Nikolay Dimitrov & Karl Sieradzki,** "Evolução da nanoporosidade na negociação", Nature 410,22 de Março de 2001 ¡www.nature.com.

5. **Jörg Weissmüller, Roger C. Newman, Hai-Jun Jin, Andrea M. Hodge, e Jeffrey W. Kysar,** "Nanoporous Metals by Alloy Corrosion": Formation and Mechanical Properties", MRS Bulletin, Volume 34, Agosto de 2009.

6. **Douglas A. Crowson, Diana Farkas, Sean G. Corcoran,**" Mechanical stability of nanoporous metals with small ligament sizes," Scripta Materialia 61 (2009) 497-499.

7. **Ye Sun, Kalan P. Kucera, Sofie A. Burger e T. John Balk,** "Microstructure, stability and thermomechanical behavior of crack-free thin films of nanoporous gold," Scripta Materialia 58 (2008) 1018-1021.

8. **Masataka Hakamada e Mamoru Mabuchi,** "Força mecânica do ouro nanoporoso fabricado através de negociatas", Scripta Materialia 56 (2007) 1003-1006.

Hodge, Hayes, Caro, Biener, Hamza, "Characterization and Mechanical Behavior of NPG", Advanced Engineering Materials,2006, 8, No.9.

9. **Por H. Rösner, S. Parida, D. Kramer, C. A. Volkert e J. Weissmüller,**" Reconstructing a NanoporousMetal in Three Dimensions: An Electron Tomography Study of Dealloyed Gold Leaf," Advanced Engineering Materials 2007, 9, No. 7.

10. **Sebastian Polarza, e B. Smarslya,**" Nanoporous Materials," URL: http://www.ub.uni-konstanz.de/kops/volltexte/2008/5085/

    URN: http://nbn-resolving.de/urn:nbn:de:bsz:352-opus-50859.

11. **Haruta,** "Nova Geração de Catalisador de Ouro: Nanoporous Foams and Tubes - Is Unsupported Gold Catalytically Active, " Chem. Phys. 2007, 8, 1911-1913.

12. **Falong Jia, Yu, Ai, Zhang,**" Fabrico de eléctrodos de filme NPG," Chem. Mate. 2007, 19, 3648-3653.

13. http://www.fctec.com/fctec basics.asp

    X. Lu, T.J. Balk R. Spolenak E. Arzt, "Dealloying of Au-Ag thin films with a composition gradient: Influence on morphology of nanoporous Au," Thin Solid Films 515 (2007) 7122- 7126.

14. **Steele, Heinzel,** "Materials for fuel cell technologies", Nature Volume 414, [15] de Novembro de 2001.

15. www.wikipedia.com

16. **Caixia Xu, Xiaohong Xu, Jixin Su, Yi Ding,**" Research on unsupported nanoporous gold catalyst for CO oxidation," Journal of Catalysis 252 (2007) 243-248.

17. **Masatake Haruta,**" Nova Geração de Catalisadores de Ouro," Chem. Phys. Chem. 2007, 8, 1911 — 1913.

    Brian Derby e Rui Dou, "A Força do Ouro Nanoporoso": Efeitos de Gradiente de Tensão e Tamanho Intrínseco", Mater. Res. Soc. Symp. Proc. Vol. 1137.

18. **Zeis, lei , Sieradzki, Erlebacher ,**" Catalytic Reduction of Hydrogen peroxide by NPG,' Journal of Catalysis 253 (2008) 132-138.

19. **NRM** = projecto nanoroadmap, Julho de 2005.

20. **Senior and Newman**," Synthesis of tough NP metals by controlled electrolytic dealloying," Nanotechnology **17** (2006) 2311-2316.

21. **Sun and Balk**," Um método de negociação em várias etapas para produzir NPG sem alteração de volume e com o mínimo de rachaduras," Scripta Materialia 58 (2008) 727-730.

22. **Panda**," Mudança de volume durante a formação do GNP por dealloying," Physical Review Letters, 97, Julho de 2006, 35501-4.

23. **Leila Joy Roberson**," Fabrico e Caracterização de Filmes Finos em Ouro Nanoporoso," Materiais NNIN REU 2006 realizações de investigação.

24. **L. H. Qian e M. W. Chena**," Ultrafine nanoporous gold by low-temperature dealloying and kinetics of nanopore formation," Appplied Physics Letter, 91 083105, 2007.

25. **E. Seker , J.T. Gaskins , H. Bart-Smith , J. Zhu, M.L. Reed, G. Zangari, R. Kelly , M.R. Begley**," The effects of annealing prior to dealloying on the mechanical properties of nanoporous gold microbeams," Acta Materialia 56   (2008) 324-332.

26. **Erkin Seker , John T. Gaskins , Hilary Bart-Smith , Jianzhong Zhu , Michael L. Reed,** " The effects of post-fabrication annealing on the mechanical properties of freestanding NPG", Acta Materialia 55 (2007) 4593-4602.

27. Nanotecnologia NRM, 2003-2007.

28. **Masataka Hakamada , Mamoru Mabuchi,**" Microstructural evolution in nanoporous gold by thermal and acid treatments," Materials Letters 62 (2008) 483-486.

29. Notas de Aula 2008-2009 , **Dr. Zhang**, Universidade de Toledo, Ohio.

30. **Pishbin, Mohammadi, Nasri,**" Optimization of Manufacturing parameters for Fuel Cell Electrode," Fuel Cells 07, 2007, No.4, 291-297.

    Zielasek, Jurgens, Schulz, Biener, "Catalisadores de ouro: Nanoporous Gold Foams", Angewandte Chemie , 2006, 45, 8241-8244.

31. **Sang Cheon Lee , Kyung Ja Kim Sangchul Rho, Deokjin Jahng , Jae Hoon Limb, Jinsub Choi ,Jeong Ho Chang,**" Electrochemical DNA biosensors based on thin gold films sputtered on capacitive nanoporous niobium oxide," Biosensors and Bioelectronics 23 (2008) 852-856.

32. **Jenny X. He, Shruti Baharani, Yong X. Gan,**" Processing and Electrochemical Property Characterization of Nanoporous Electrodes for Sustainable Energy Applications," Research Letters in Nanotechnology, Volume 2009.

33. **Maria Julieth Ballesteros**, "Synthesis and Characterization of Metallic and Bimetallic Nanoparticles for Fuel Cell Applications", Chem Mater, 2006.

34. **Zeis, Mathur , Fritz, Lee , Erlebacher**, "Platinum plated Nanoporous Gold", Journal of Power Sources 165 (2007) 65-72.

35. **Maria Julieth Ballesteros,**" Síntese e Caracterização de Nanopartículas Metálicas e Bimetálicas para Aplicações em Células de Combustível," Chem Mater, 2005.

36. **Douglas C. Montgomery**, "Design and Analysis of Experiments", 2009, 7ª Edição.

37. **G.Q.Lu**, " Nanoporous Material," Nanoporous Materials - Science and Engineering.

38. www.howstuffWorks.com

39. Modelos para diagrama de espinhas de peixe:

http://www.isixsigma.com/library/content/t000827.asp

40. **Hui Zhou, Lan Jin, Wei Xu,**" New approach to fabricate nanoporous gold film," Chinese Chemical Letters 18 (2007) 365-368.

41. **Masatake Haruta,**" Nova Geração de Catalisadores de Ouro: Nanoporous Foams and Tubes-Is Unsupported Gold Catalytically Active?", Chem. Química Física. 2007, 8, 1911 — 1913.

42. **X. Lu, E. Bischoff, R. Spolenaka, e T.J. Balk,**" Investigation of dealloying in Au-Ag thin films by quantitative electron probe microanalysis," Scripta Materialia 56 (2007) 557-560.

43. **Andrew Thiel,**" Síntese de Filmes Nanoporosos de Ouro Fino,"

http://matdl.org/repository/view/matdl:296.

44. Gráficos de conversão online.

45. www.australweight.com

46. **Ding, Erlebacher,**" Nanoporous Metals with controlled Multimodal Pore Size Distribution," J.Am.Chem Society, 2003,125, 7772-7773.

47. www.xenosystem.com

48. www.als.com

49. **Masatka, Mabuchi,**" . Resistência mecânica do NPG fabricada por negociação", Scripta Materialia 56 (2007) 1003-1006.

   Dixon, Daniel, Hieda, Smilgies, Chan, Allara , " Preparation, Structure and Optical Properties of NPG thin films," Langmuir 2007, 23, 2414-2422.

50. **Masataka Hakamada e Mamoru Mabuchi,**" Mechanical evolution in nanoporous gold by thermal and acid treatments," Materials Letters 62 (2008) 483-486.

51. **G. E. Thayer V. Ozolins, A. K. Schmidt, N. C. Bartle, M. Asta, J. J. Hoyt, S. Chiang, e R. Q. Hwang**", Role of Stress in Thin Film Alloy Thermodynamics: Competition between Alloying and Dislocation Formation," Physical Review Letters, volume 86, número 4 ,22 de Janeiro de 2001.

52. **Hai-Jun Jin, Lilia Kurmanaeva, Jo'rg Schmauch , Harald Ro'sner , Yulia Ivanisenko, Jorg Weissmuller**", "Deforming nanoporous metal": Role of lattice coherency,, Acta Materialia 57 (2009) 2665-2672.

53. **Anant Mathur and Jonah Erlebacher,**" Size dependence of effective Young's modulus of nanoporous gold," Applied Physics Letters **90**, 061910, 2007.

54. **Dongyun Lee, Xiaoding Wei, Xi Chen, Manhong Zhao, Seong.C. JunJames Hone,Erik G. Herbert,d Warren C. Oliverd and Jeffrey W. Kysar,**" Micro fabricação e propriedades mecânicas do ouro nanoporoso à nanoescala," Scripta Materilia 56 (2007) 437- 440.

55. **Ye Sun, and T. John Balk** ," Mechanical Behavior and Microstructure of Nanoporous Gold Films," Mater. Res. Soc. Symp. Proc. Vol. 924 © 2006.

56. **Ye sun and T. John Balk** " ,Evolution of Structure, Composition, and Stress in Nanoporous Gold Thin Films with Grain-Boundary Cracks," Metallurgical and Materials Transactions ,2656-volume 39a, Novembro de 2008.

57. Notas Dinâmicas 2008-2009, **Dra. Elahinia,** Universidade de Toledo, Ohio

58. **Takeshi Fujita, Li-Hua Qian,1 Koji Inoke, Jonah Erlebacher, e Ming-Wei Chen,"** Morfologia tridimensional do ouro nanoporoso", Cartas de Física Aplicada **92**, 251902 _2008.

59. Especialista em desenho de software 7.1 e 8.0.

60. Software gráfico.

61. Software ADAMS.

62. Software de obras sólidas 2009.

63. Notas sobre Nanotecnologia 2008-2009, **Dr.Gan,** Universidade de Toledo.

64. **Juergen Biener, Andrea M. Hodge, Joel R. Hayes, Cynthia A. Volkert, Luis A. Zepeda-Ruiz,Alex V. Hamza, e Farid F. Abraham,"** Size Effects on the Mechanical Behavior of Nanoporous Au," Nanoletters, Volme 6, 2006.